河南省工程建设标准

现浇混凝土内置保温墙体技术规程

Technical specification for built-in insulation wall of cast-in-place concrete

DBJ41/T186 – 2017

主编单位:河南省朝阳建筑设计有限公司
　　　　　郑州市正岩建设集团有限公司
批准单位:河南省住房和城乡建设厅
施行日期:2018 年 1 月 1 日

黄河水利出版社
2017　郑州

图书在版编目(CIP)数据

现浇混凝土内置保温墙体技术规程/河南省朝阳建筑设计有限公司,郑州市正岩建设集团有限公司主编.—郑州:黄河水利出版社,2017.12

ISBN 978-7-5509-1942-6

Ⅰ.①现… Ⅱ.①河…②郑… Ⅲ.①现浇混凝土-保温-墙-技术规范-河南 Ⅳ.①TU761.1-65

中国版本图书馆 CIP 数据核字(2017)第 313240 号

出 版 社:黄河水利出版社
　　　　地址:河南省郑州市顺河路黄委会综合楼 14 层　邮政编码:450003
发行单位:黄河水利出版社
　　　　发行部电话:0371-66026940、66020550、66028024、66022620(传真)
　　　　E-mail:hhslcbs@126.com
承印单位:河南承创印务有限公司
开本:850mm×1168mm　1/32
印张:1.375
字数:34 千字　　　　　　　　　　　印数:1—2000
版次:2017 年 12 月第 1 版　　　　印次:2017 年 12 月第 1 次印刷

定价:20.00 元

河南省住房和城乡建设厅文件

豫建设标〔2017〕83号

河南省住房和城乡建设厅关于发布河南省工程建设标准《现浇混凝土内置保温墙体技术规程》的通知

各省辖市、省直管县(市)住房和城乡建设局(委),郑州航空港经济综合实验区市政建设环保局,各有关单位:

由河南省朝阳建筑设计有限公司、郑州市正岩建设集团有限公司主编的《现浇混凝土内置保温墙体技术规程》已通过评审,现批准为我省工程建设地方标准,编号为 DBJ41/T186 - 2017,自2018年1月1日在我省实施。

此标准由河南省住房和城乡建设厅负责管理,技术解释由河南省朝阳建筑设计有限公司、郑州市正岩建设集团有限公司负责。

河南省住房和城乡建设厅
2017 年 11 月 23 日

前　言

本规程是依据河南省住房和城乡建设厅《关于印发2017年第二批工程建设标准编制计划的通知》(豫建设标〔2017〕48号)的要求,由河南省朝阳建筑设计有限公司及郑州市正岩建设集团有限公司会同有关单位编制而成。

现浇混凝土内置保温墙体,是现浇混凝土内置保温做法的一种,是以工厂制作的焊接钢丝网架保温板为保温层,两侧浇筑混凝土后形成的结构自保温墙体。该技术具有建筑保温与结构同寿命、防火性能好、节能环保、经济合理、技术先进等特点。

为规范现浇混凝土内置保温墙体的设计、施工及验收,确保工程质量和安全,依据国家有关标准,参考国内其他省份有关技术规程,结合我省工程实际编制了本规程。

本规程主要内容包括:1.总则;2.术语;3.材料;4.设计;5.施工要求;6.质量检验与验收。

本规程由河南省住房和城乡建设厅负责管理,由河南省朝阳建筑设计有限公司、郑州市正岩建设集团有限公司负责具体技术内容的解释。在执行过程中如有意见或建议,请寄送河南省朝阳建筑设计有限公司(地址:郑州市郑东新区商都路100号建正·东方中心A座22层,邮编:450046),以便今后修订时参考。

本规程主编单位、参编单位、主要起草人和主要审查人如下:

主编单位:河南省朝阳建筑设计有限公司

　　　　　郑州市正岩建设集团有限公司

参编单位:河南盛都环保科技集团有限公司

河南中建工程设计咨询有限公司

河南智博建筑设计集团有限公司

洛阳华艺建筑规划设计有限公司

河南省泽正建筑工程有限公司

河南埃德莫菲建筑设计有限公司

主要起草人:庆彦营　梁　霄　任　鹏　杨敬堂

孟　程　许玉龙　尚志诚　王丹芝

牛　佩　侯治宏　许昭龙　宋学涛

杨　翙　刘千裕　杨敬轩　王黄金

刘　强　原培忠　张　凯　陈红庆

何　妨　李保方　张成伟　李永立

程相利　韩　瑞　荆建辉

主要审查人:胡伦坚　李建民　雷　霆　季三荣

宋建学　许继清　曾繁娜　白　山

目　次

1 总　则

1.0.1 为规范现浇混凝土内置保温墙体的设计、施工及验收，做到技术先进、经济合理、安全适用和保证工程质量，制定本规程。

1.0.2 本规程适用于 8 度及 8 度以下抗震设防地区新建、扩建的建筑高度在 100m 以内的民用与工业建筑中，各类采用现浇混凝土内置保温墙体的建筑节能工程设计、施工及验收。

1.0.3 现浇混凝土内置保温墙体的设计、施工及验收除符合本规程外，尚应符合国家现行有关标准的规定。

2 术 语

2.0.1 现浇混凝土内置保温墙体　built-in insulation wall of cast-in-place concrete

施工现场在保温层两侧同时浇筑不同厚度的混凝土形成的，兼结构受力与外墙节能于一体的复合墙体。由混凝土防护层、焊接钢丝网架保温板、连接件、混凝土结构层组成（用作填充墙时无连接件和混凝土结构层），简称内置保温墙。

2.0.2　焊接钢丝网架保温板　insulation board of welded metal network

在保温板的一侧或两侧采用插丝将具有一定间距的双层焊接钢丝网片焊接在一起而形成的立体网架板，简称网架板。

双层焊接钢丝网片置于混凝土防护层内，外侧钢丝网片用于控制防护层混凝土裂缝，内侧钢丝网片起固定保温板位置作用。

2.0.3　结构层　structural layer

内置保温墙体中起结构受力作用的钢筋混凝土层。

2.0.4　防护层　protective layer

内置保温墙体中起保温层防护作用的钢筋混凝土层。

2.0.5　保温层　insulating layer

内置保温墙体中置于结构层和防护层之间，满足建筑防火和节能设计标准的保温板材。

2.0.6　钢丝网片　steel wire mesh

将冷拔低碳钢丝按一定的间距焊接形成的网片。

2.0.7　插丝　connecting wire

将钢丝网片焊接固定以形成钢丝网架的冷拔低碳钢丝。

插丝有顶丝（直插丝）和斜插丝两种形式。顶丝用于浇筑混凝土时顶紧墙外侧模板，可以不穿透保温板，斜插丝穿透保温板将保温板与钢丝网片连接在一起以形成网架板。

2.0.8 连接件 component

用于内置保温墙体混凝土防护层和结构层的连接部件。

3 材 料

3.0.1 现浇混凝土内置保温墙体中钢丝网片、斜插丝、顶丝采用冷拔低碳钢丝(简称钢丝),其性能应符合《冷拔低碳钢丝应用技术规程》JGJ19 的规定。内侧钢丝网片及穿过保温板的钢丝应进行防腐处理,防腐涂层厚度不应小于450μm。

3.0.2 焊接钢丝网架保温板的保温材料性能指标应符合表3.0.2 的规定。

表3.0.2 保温材料的主要性能指标

试验项目	单位	性能指标	
		挤塑聚苯乙烯泡沫板	模塑聚苯乙烯泡沫板
表观密度	kg/m³	30～32	18～20
导热系数	W/(m·K)	≤0.030	≤0.039
垂直于板面的抗拉强度	MPa	≥0.20	≥0.10
尺寸稳定性	%	≤1.2	≤3.0
压缩强度	MPa	≥0.25	≥0.10
吸水率	%	≤1.5	≤3.0
燃烧性能	—	不低于 B₂ 级	

注:表中各项性能指标按《建筑用混凝土复合聚苯板外墙外保温材料》JG/T228 中规定的方法检测。

3.0.3 焊接钢丝网架保温板连接件应采用热轧带肋钢筋,钢筋应符合《钢筋混凝土用钢 第 2 部分:热轧带肋钢筋》GB1499.2 的规定。

3.0.4 防护层混凝土宜采用自密实混凝土,当采用普通混凝土时应采取有效措施保证浇筑质量。混凝土骨料最大粒径应不大于防护层最小厚度的 0.25 倍,混凝土坍落度不小于 180mm,扩展度 600~750mm。

混凝土强度等级应满足设计强度等级的要求,且不低于 C25。

3.0.5 饰面材料必须与系统其他材料相容,符合设计要求和相关标准的规定。

4 设 计

4.1 节能设计

4.1.1 现浇混凝土内置保温墙体节能构造热工性能除应符合本规程外,尚应符合《民用建筑热工设计规范》GB50176、《公共建筑节能设计标准》GB50189、《严寒和寒冷地区居住建筑节能设计标准》JGJ26、《夏热冬冷地区居住建筑节能设计标准》JGJ134、《河南省居住建筑节能设计标准(寒冷地区 65% +)》DBJ41/062、《河南省公共建筑节能设计标准》DBJ41/T075 等国家现行有关规范、标准及河南省现行有关标准的规定。

4.1.2 围护结构其他部位,如外门窗洞口四周侧面、凸(飘)窗上下顶板、封闭阳台栏板、女儿墙、外墙挑出构件及附墙构件等冷(热)桥部位,均应采用相应保温防水措施进行保温防水处理,且应满足最小传热阻的要求,保证其内表面温度不低于室内空气设计温、湿度条件下的露点温度。

4.1.3 门窗洞口与框之间的缝隙宜采用高效保温材料嵌填严实,不得采用普通水泥砂浆填缝。

4.1.4 当进行热工设计计算时,焊接钢丝网架保温板导热系数的修正系数 α 取值为 1.3。

不同构造做法现浇混凝土内置保温墙体的传热系数 K 和热惰性指标 D 可按附录 A 采用。

4.1.5 现浇混凝土内置保温墙体应做好密封和防水构造设计,重要部位应有详图。安装在外墙及顶板上的设备或管道必须固定于主体结构上,并应做密封和防水、防腐设计。

4.2 结构设计

4.2.1 现浇混凝土内置保温墙体建筑的结构设计按现行国家标准规定执行。设计时，将外侧混凝土防护层、钢丝网架及保温板作为主体结构的荷载考虑，外层混凝土防护层不参与主体结构计算；楼层处应设置挑板，用于承担焊接钢丝网架保温板及外侧混凝土防护层的竖向荷载。墙体的截面设计及配筋按现行《混凝土结构设计规范》GB50010 和《建筑抗震设计规范》GB50011 的规定执行。

4.2.2 作用于外围护现浇混凝土内置保温墙体的风荷载标准值应符合《建筑结构荷载规范》GB50009 的相关规定，且不应小于 $1.0kN/m^2$。

4.2.3 现浇混凝土内置保温墙体的连接件和钢丝网架，应能承受永久荷载(保温板、混凝土防护层、外饰面和连接件的重量)、设计风荷载、设防烈度地震等的共同作用。水平地震力标准值计算时，可按《建筑抗震设计规范》GB50011 的要求采用等效侧力法。

4.2.4 结构设计时，应根据结构受力特点、荷载或作用的情况和产生的应力(内力)作用的方向，选用最不利的组合。

4.2.5 现浇混凝土内置保温墙体的连接件、钢丝网架等应采用弹性方法计算内力与位移，并应符合下列规定：

  1 内力和承载力：

$$S \leqslant R \tag{4.2.5-1}$$

  2 位移或挠度：

$$v \leqslant [v] \tag{4.2.5-2}$$

式中　S——荷载和作用组合的内力设计值，按本节规定计算；

　　　　R——承载力设计值；

　　　　v——由荷载和作用产生的位移或挠度；

　　　　$[v]$——位移或挠度限值。

4.2.6 采用现浇混凝土内置保温墙体作为填充墙时,其竖向受压承载力计算时只考虑保温板两侧混凝土的承载能力,其高厚比稳定性等计算时,墙厚可按含保温层的总厚度。

4.2.7 现浇混凝土内置保温墙体的饰面层宜采用涂装饰面,也可采用面砖饰面。当采用面砖饰面时,应出具专项技术方案。

4.3 构造要求

4.3.1 焊接钢丝网架保温板构造要求

1 焊接钢丝网架保温板由保温板、钢丝网架、模板顶丝和插丝等部分构成,焊接钢丝网架保温板构造详见图4.3.1。

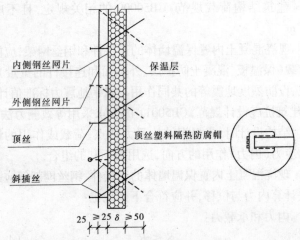

内侧钢丝网片　　　　　　保温层

外侧钢丝网片

顶丝　　　　　　　　　顶丝塑料隔热防腐帽

斜插丝

25　≥25　δ　≥50

图4.3.1　焊接钢丝网架保温板构造示意图　(单位:mm)

2 外侧钢丝网片钢丝直径不应小于4mm,网格间距不应大于100mm×100mm;内侧钢丝网片钢丝直径不应小于2mm,网格间距不应大于100mm×100mm。

3 顶丝直径不小于3mm,间距不大于200mm×200mm;插丝直径不小于3mm,数量不少于10根/m²。斜插丝在高度方向,一排向上,一排向下斜插。

4.3.2 现浇混凝土内置保温墙体保温层外侧现浇混凝土防护层的厚度不应小于50mm,当用于结构混凝土墙部位时,其构造详见图4.3.2。

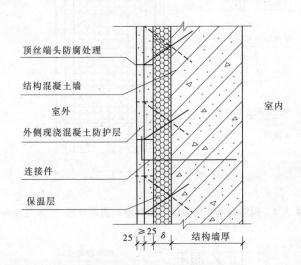

图4.3.2 现浇混凝土内置保温墙体构造示意图 (单位:mm)

4.3.3 连接件的设置应经计算确定,连接件钢筋强度标准值不应低于400MPa,直径不小于8mm,间距不大于400mm,靠近边沿处与边缘距离不大于20mm。连接件应与主体结构钢筋绑扎,与主体结构的锚固强度应大于连接件本身的承载能力。连接件穿透保温板的部分应做防腐处理。

4.3.4 现浇混凝土内置保温墙体用于填充墙时,根据具体墙厚确定中间保温板厚度,保温板两侧均为焊接钢丝网,不再设置连接件,插丝垂直于墙面贯通形成整体。其构造详见图4.3.4。

4.3.5 焊接钢丝网架保温板拼缝及转角处,在外层钢丝网片外侧附加每侧长度不小于150mm的钢丝网片进行绑扎连接。

4.3.6 现浇混凝土内置保温墙体在楼层处构造如图4.3.6所示。

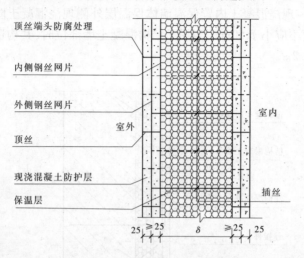

顶丝端头防腐处理

内侧钢丝网片

外侧钢丝网片

室外

顶丝

现浇混凝土防护层

保温层

室内

插丝

$25 \quad \geqslant 25 \quad \delta \quad \geqslant 25 \quad 25$

图4.3.4 现浇混凝土内置保温填充墙构造示意图 （单位:mm）

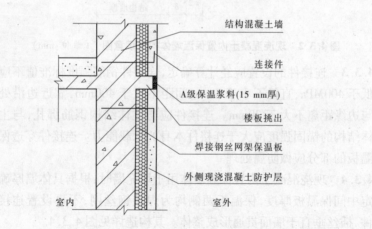

结构混凝土墙

连接件

A级保温浆料(15 mm厚)

楼板挑出

焊接钢丝网架保温板

外侧现浇混凝土防护层

室内

室外

图4.3.6 楼层间部位焊接钢丝网架保温板连接构造示意图

4.3.7 现浇混凝土内置保温墙体外侧混凝土防护层竖向应预留分隔缝。分隔缝间距不应超过 6m,缝宽 10mm,分隔缝内应采用硅酮建筑密封胶封闭,如图 4.3.7 所示。

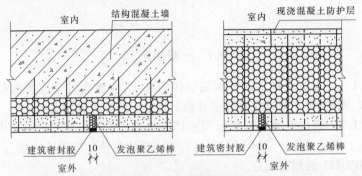

图 4.3.7 外层混凝土分隔缝构造示意图 (单位:mm)

注:用于外层混凝土分隔缝处的密封防水处理的硅酮建筑密封胶,其性能应符合《硅酮建筑密封胶》GB/T14683 的规定。

5 施工要求

5.1 一般规定

5.1.1 现浇混凝土内置保温墙体的施工,应建立健全完善的技术、质量、安全管理保证体系及施工质量控制和检验制度。

5.1.2 现浇混凝土内置保温墙体施工应符合《混凝土结构工程施工质量验收规范》GB50204、《建筑节能工程施工质量验收规范》GB50411 的相关规定。

5.1.3 施工单位应根据工程特点和施工条件,按照有关规定编制各分项工程的施工技术方案且经审查批准。施工前应对从事施工作业的人员进行技术交底和必要的实际操作培训。

5.1.4 施工现场应按有关规定采取可靠的防雨、防潮、防污、防火安全措施,实现安全文明施工。

5.1.5 进入施工现场的材料均应附有产品合格证,并按规定见证取样复验。

5.2 焊接钢丝网架保温板及安装工程

5.2.1 焊接钢丝网架保温板、各类构造用钢丝网及连接件按图纸设计编号归类,并进行工厂订做加工。

5.2.2 焊接钢丝网架保温板运输和装卸时应轻拿轻放,严禁摔震、踩踏。

5.2.3 焊接钢丝网架保温板的安装应在结构主体钢筋验收合格后进行。

5.2.4 焊接钢丝网架保温板应根据施工段划分安装顺序且对应施工图轴线位置安装。

5.2.5 焊接钢丝网架保温板安装时应保证外观完整无破损,位置准确,连接件钢筋与主体结构钢筋和钢丝网片绑扎牢固,附加钢丝网片、预埋件、预留洞应按设计要求设置,位置准确,保证在施工过程中不发生移位。

5.3 模板工程

5.3.1 模板工程应进行专项设计,并编制施工方案。

5.3.2 模板的设计、制作和安装应符合国家现行标准《混凝土结构工程施工质量验收规范》GB50204、《建筑施工模板安全技术规范》JGJ162 等的有关规定。

5.3.3 在浇筑混凝土之前应对模板系统进行验收。

5.4 混凝土工程

5.4.1 现浇混凝土内置保温墙体外侧混凝土防护层当采用自密实混凝土时,应做配合比专项设计。

5.4.2 混凝土浇筑应符合下列要求:

   1 混凝土浇筑时,先浇结构层,后浇筑防护层混凝土,并分层浇筑,每层高度不大于 400mm,层与层之间的间隔时间不超过混凝土初凝时间。防护层混凝土面不得高于结构层混凝土面,二者高差不应大于 400mm。

   2 混凝土下料点应分散布置,连续浇筑。

   3 当防护层混凝土浇筑时,采取可靠措施,保证混凝土浇筑密实。

5.4.3 防护层混凝土应在模板拆除后 12h 以内覆盖浇水进行养护,且养护时间不得少于 7d。

5.4.4 对现浇混凝土内置保温墙体施工产生的穿墙套管、孔洞等,应按设计要求在施工方案中明确采取阻断热桥的措施,不得影响墙体热工性能。

6 质量检验与验收

6.1 一般规定

6.1.1 现浇混凝土内置保温墙体按照《建筑工程施工质量验收统一标准》GB50300 中建筑节能分部维护系统节能子分部的分项工程验收。

6.1.2 现浇混凝土内置保温墙体工程应同主体结构一同验收,施工过程中应及时进行质量检查、隐蔽工程验收和检验批验收。

6.1.3 现浇混凝土内置保温墙体工程验收的检验批划分应符合下列规定:

    1 每 500～1000m² 面积划分为一个检验批,不足 500m² 也作为一个检验批。

    2 检验批的划分也可根据方便施工与验收的原则,由施工单位与监理(建设)单位共同商定。

6.1.4 现浇混凝土内置保温墙体应对下列部位或内容进行隐蔽工程验收,并应有详细的文字记录和必要的图像资料:

    1 连接件。

    2 焊接钢丝网架保温板拼缝、阴阳角、门窗洞口及不同材料间交接处等特殊部位的加强措施。

    3 墙体热桥部位处理。

    4 焊接钢丝网架保温板厚度。

6.2 焊接钢丝网架保温板子项工程

I 主控项目

6.2.1 焊接钢丝网架保温板的品种和规格应符合设计要求和本规程规定。

检验方法:观察、尺量检查;核查质量证明文件。

检查数量:按进场批次,每批随机抽取 3 个试样进行检查;质量证明文件应按照其出厂检验批进行核查。

6.2.2 现浇混凝土内置保温墙体使用的保温板,其导热系数、密度、抗压强度或压缩强度、燃烧性能应符合设计要求。

检验方法:核查质量证明文件及进场复验报告。

检查数量:全数检查。

6.2.3 焊接钢丝网架保温板进场时,应对下列性能进行复验,复验应为见证取样送检,钢丝和保温板可在加工厂对原材料取样。

1 钢丝的直径、抗拉强度、反复弯曲次数,应符合《冷拔低碳钢丝应用技术规程》JGJ19 的规定。

2 保温板的导热系数、密度、抗压强度或压缩强度,应符合本规程 3.0.2 条的规定。

3 钢丝网片的焊点拉力,应符合《镀锌电焊网》QB/T3897 的规定。

检验方法:随机抽样送检,核查复验报告。

检查数量:同一厂家同一品种的产品,当单位工程建筑面积在 20000m^2 以下时各抽查不少于 3 次;当单位工程建筑面积在 20000m^2 以上时各抽查不少于 6 次。

Ⅱ 一般项目

6.2.4 焊接钢丝网架保温板的外观应完整无破损,符合设计要求和产品标准的规定。

检验方法:观察检查。

检查数量:全数检查。

6.2.5 焊接钢丝网架保温板的外观质量应符合表 6.2.5 的要求。

表 6.2.5　焊接钢丝网架保温板外观质量要求

项目	质量要求
外观	板面平整,不应有明显的翘曲变形,保温板不应掉角、破损、开裂,板长 3000mm 范围内保温板对接不应多于两处
钢丝网片及插丝、顶丝	无机械损伤,焊点区以外不允许有钢丝锈点,钢丝防腐涂层均匀
焊点	插丝、顶丝与网片钢丝焊接牢固,漏焊、脱焊点不大于焊点数的 3%,板端 200mm 区段内的焊点不允许脱焊、虚焊;钢丝网片漏焊、脱焊点不应大于焊点数的 0.8%,且不应集中在一处,连续脱焊点不应多于 2 点
钢丝网片网格	符合设计要求,纵横向钢筋相互垂直

检验方法:观察检查,钢尺检查。

检查数量:同一检验批内的焊接钢丝网架保温板,抽检不少于其数量的 10%,且不少于 3 件。

6.2.6 焊接钢丝网架保温板尺寸允许偏差应符合表 6.2.6 的规定。

表 6.2.6　焊接钢丝网架保温板尺寸允许偏差

项目	规格(mm)	允许偏差(mm)
长度	≤3000	±5
宽度	600、1200	±5
厚度	—	±3
两对角线差		≤10
插丝长度	穿透保温板 水平投影长度50	±3
钢丝网片间距	—	±5%
钢丝网片局部翘曲		≤5

注:如采用其他保温材料应符合相关标准要求,为满足施工需要,靠近保温层网片的网格尺寸应相应调整。

检验方法:钢尺检查,游标卡尺检查。

检查数量:同一检验批内的焊接钢丝网架保温板,抽检不少于其数量的10%,且不少于3件。

6.3　焊接钢丝网架保温板安装子项工程

Ⅰ　主控项目

6.3.1　焊接钢丝网架保温板安装前,应按照设计要求在相应部位标志中心线、安装线、标高等控制尺寸和控制线并进行检验。

检验方法:观察检查,钢尺量测。

检查数量:全数检查。

6.3.2 焊接钢丝网架保温板的安装应位置正确、接缝严密，焊接钢丝网架保温板应固定牢固，安装时移位不得超过 10mm。

检验方法：观察检查，核查隐蔽工程验收记录。

检查数量：全数检查。

6.3.3 寒冷地区外墙热桥部位，应按设计要求采取节能保温等隔断热桥措施。

检验方法：对照设计和施工方案观察检查；核查隐蔽工程验收记录。

检查数量：按不同热桥种类，每种抽查 20%，且不少于 5 处。

6.3.4 现浇混凝土内置保温墙体的施工，应符合下列规定：

1 现浇混凝土内置保温墙体的厚度必须符合设计要求。

2 连接件数量、位置、锚固深度和拉拔力应符合设计要求。

检验方法：对照设计和施工方案观察检查；核查隐蔽工程验收记录及试验报告。

检查数量：每个检验批抽查不少于 3 处。

Ⅱ　一般项目

6.3.5 焊接钢丝网架保温板安装的轴线位置偏移与垂直度允许偏差应符合表 6.3.5 的规定。

表 6.3.5　焊接钢丝网架保温板安装轴线位置偏移与
垂直度允许偏差及检验方法

项目	允许偏差(mm)	检验方法
轴线位置偏移	4	钢尺检查
垂直度	5	经纬仪或吊线、钢尺检查

注：检查轴线应沿纵横两个方向量测，并取其中的较大者。

检验方法：经纬仪或吊线、钢尺检查。

检查数量：同一检验批同型号的构件不少于10%，且不少于5块。

6.3.6 焊接钢丝网架保温板接缝方法应符合施工方案要求。保温板接缝应平整严密。

检验方法：观察检查，钢尺检查。

检查数量：每个检验批抽查10%，且不少于5处。

6.3.7 拼缝、阴阳角、门窗洞口及不同材料基体的交接处等特殊部位，应采取防止开裂和破损的加强措施。

检验方法：观察检查，核查隐蔽工程验收记录。

检查数量：按不同部位，每类抽查10%，且不少于5处。

6.3.8 施工产生的墙体缺陷，如穿墙套管、脚手眼、孔洞等，应按照施工方案采取隔断热桥措施，不得影响墙体热工性能。

检验方法：对照施工方案观察检查。

检查数量：全数检查。

6.4 模板和混凝土子项工程

6.4.1 混凝土和模板的验收，应按《混凝土结构工程施工质量验收规范》GB50204 的相关规定和本规程执行。

6.4.2 浇筑混凝土后保温板在墙体中的位移不得超过 15mm，验收时采用钻芯取样方法。

附录 A 现浇混凝土内置保温墙体构造参考做法及热工性能参数

表 A-1 现浇混凝土内置保温墙体构造参考做法及热工性能参数

外墙构造	构造做法		墙体总厚度 (mm)	导热系数 λ [W/(m·K)]	蓄热系数 S [W/(m²·K)]	修正系数 α	各层热阻 R [(m²·K)/W]	各层热惰性指标 D_i	总热阻 R_0 [(m²·K)/W]	传热系数 K [W/(m²·K)]	总热惰性指标 D
	各层用材	厚度 δ (mm)									
	1 水泥砂浆	20		0.93	11.37	1.00	0.02	0.24			
	2 钢筋混凝土	200		1.74	17.20	1.00	0.11	1.98			
	3 焊接钢丝网架保温板(XPS板)	50	320	0.030	0.34	1.30	1.28	0.44	1.60	0.63	3.15
		60	330	0.030	0.34	1.30	1.54	0.52	1.85	0.54	3.23
		70	340	0.030	0.34	1.30	1.79	0.61	2.11	0.47	3.33
		80	350	0.030	0.34	1.30	2.05	0.70	2.37	0.42	3.41
		90	360	0.030	0.34	1.30	2.31	0.78	2.62	0.38	3.50
		100	370	0.030	0.34	1.30	2.56	0.87	2.88	0.35	3.59
	4 混凝土防护层	50		1.74	17.20	1.00	0.03	0.49			

表 A-2 现浇混凝土内置保温墙体构造参考做法及热工性能参数

外墙构造	构造做法 各层用材	厚度 δ (mm)	墙体总厚度 (mm)	导热系数 λ [W/(m·K)]	蓄热系数 S [W/(m²·K)]	修正系数 α	各层热阻 R [(m²·K)/W]	各层热惰性指标 D_i	总热阻 R_0 [(m²·K)/W]	传热系数 K [W/(m²·K)]	总热惰性指标 D
	1 水泥砂浆	20		0.93	11.37	1.00	0.02	0.24			
	2 钢筋混凝土	200		1.74	17.20	1.00	0.11	1.98			
	3 焊接钢丝网架保温(EPS板)	50	320	0.039	0.28	1.30	0.99	0.28	1.30	0.77	2.99
		60	330	0.039	0.28	1.30	1.18	0.33	1.50	0.67	3.05
		70	340	0.039	0.28	1.30	1.38	0.38	1.70	0.59	3.10
		80	350	0.039	0.28	1.30	1.58	0.44	1.89	0.53	3.16
		90	360	0.039	0.28	1.30	1.78	0.50	2.09	0.48	3.21
		100	370	0.039	0.28	1.30	1.97	0.55	2.29	0.44	3.27
	4 混凝土防护层	50		1.74	17.20	1.00	0.03	0.49			

表 A-3 现浇混凝土内置保温墙体构造参考做法及热工性能参数

外墙构造	构造做法 各层用材	厚度 δ (mm)	墙体总厚度 (mm)	导热系数 λ [W/(m·K)]	蓄热系数 S [W/(m²·K)]	修正系数 α	各层热阻 R [(m²·K)/W]	各层热惰性指标 D_i	总热阻 R_0 [(m²·K)/W]	传热系数 K [W/(m²·K)]	总热惰性指标 D
	1 水泥砂浆	20		0.93	11.37	1.00	0.02	0.24			
	2 混凝土防护层	50		1.74	17.20	1.00	0.03	0.49			
	3 焊接钢丝网架保温板（XPS板）	100	220	0.030	0.34	1.30	2.56	0.87	2.79	0.36	2.10
		110	230	0.030	0.34	1.30	2.82	0.96	3.05	0.33	2.19
		120	240	0.030	0.34	1.30	3.08	1.05	3.31	0.30	2.28
		130	250	0.030	0.34	1.30	3.33	1.13	3.56	0.28	2.37
		140	260	0.030	0.34	1.30	3.59	1.22	3.82	0.26	2.45
		150	270	0.030	0.34	1.30	3.85	1.31	4.08	0.25	2.54
	4 混凝土防护层	50		1.74	17.20	1.00	0.03	0.49			

表 A-4 现浇混凝土内置保温墙构造参考做法及热工性能参数

外墙构造	构造做法 各层用材	厚度 δ (mm)	墙体总厚度 (mm)	导热系数 λ [W/(m·K)]	蓄热系数 S [W/(m²·K)]	修正系数 α	各层热阻 R [(m²·K)/W]	各层热惰性指标 D_i	总热阻 R_0 [(m²·K)/W]	传热系数 K [W/(m²·K)]	总热惰性指标 D
室外 … 室内	1 水泥砂浆	20		0.93	11.37	1.00	0.02	0.24			
	2 混凝土防护层	50		1.74	17.20	1.00	0.03	0.49			
	3 焊接钢丝网架保温板（EPS板）	100	220	0.039	0.28	1.30	1.97	0.55	2.20	0.45	1.79
		110	230	0.039	0.28	1.30	2.17	0.61	2.40	0.42	1.84
		120	240	0.039	0.28	1.30	2.37	0.66	2.60	0.39	1.90
		130	250	0.039	0.28	1.30	2.56	0.72	2.79	0.36	1.95
		140	260	0.039	0.28	1.30	2.76	0.77	2.99	0.33	2.00
		150	270	0.039	0.28	1.30	2.96	0.83	3.19	0.31	2.06
	4 混凝土防护层	50		1.74	17.20	1.00	0.03	0.49			

本规程用词说明

1 为了便于在执行本规程条文时区别对待,对要求严格程度不同的用词说明如下:

1)表示很严格,非这样做不可的用词:

正面词采用"必须",反面词采用"严禁"。

2)表示严格,在正常情况下均应这样做的用词:

正面词采用"应",反面词采用"不应"或"不得"。

3)表示允许稍有选择,在条件许可时首先应这样做的用词:

正面词采用"宜",反面词采用"不宜"。

4)表示有选择,在一定条件下可以这样做的,采用"可"。

2 本规程中指定应按其他标准、规范执行时,采用"应按……执行"或"应符合……的要求或规定"。

引用标准名录

1 《建筑结构荷载规范》GB50009

2 《建筑抗震设计规范》GB50011

3 《民用建筑热工设计规范》GB50176

4 《公共建筑节能设计标准》GB50189

5 《混凝土结构工程施工质量验收规范》GB50204

6 《建筑装饰装修工程质量验收规范》GB50210

7 《建筑工程施工质量验收统一标准》GB50300

8 《建筑节能工程施工质量验收规范》GB50411

9 《绝热用模塑聚苯乙烯泡沫塑料》GB/T10801.1

10 《绝热用挤塑聚苯乙烯泡沫塑料》GB/T10801.2

11 《硅酮建筑密封胶》GB/T14683

12 《冷拔低碳钢丝应用技术规程》JGJ19

13 《严寒和寒冷地区居住建筑节能设计标准》JGJ26

14 《建筑施工模板安全技术规范》JGJ162

15 《建筑用混凝土复合聚苯板外墙外保温材料》JG/T228

16 《钢筋混凝土用钢 第2部分:热轧带肋钢筋》GB1499.2

17 《河南省居住建筑节能设计标准(寒冷地区65%+)》
DBJ41/062

18 《河南省公共建筑节能设计标准》DBJ41/T075

河南省工程建设标准

现浇混凝土内置保温墙体
技术规程

DBJ41/T186－2017

条 文 说 明

目　次

1 总 则

1.0.2 现浇混凝土内置保温墙体适用于框架结构、剪力墙结构、框架－剪力墙结构、部分框支剪力墙结构和筒中筒结构的现浇混凝土工程,宜用于建筑物地上部分的外墙、楼梯间墙、电梯间墙、分户墙等有保温隔热、隔声要求部位的墙体,其余竖向承重构件可采用普通剪力墙、短肢剪力墙等。对于分隔防火分区的防火墙,可采用实体混凝土墙或其他满足建筑防火规范要求的实体墙。

本规程只对新建及既有建筑扩建部分的现浇混凝土内置保温墙体进行规定,改建建筑及既有建筑节能改造工程可参照本规程的规定执行。

建筑高度大于 100m 时,若采用现浇混凝土内置保温墙体,应进行专门研究。

2 术 语

2.0.1 随着建筑节能工作的全面推广和不断深化,对墙体的保温形式有了新的需求,特别是目前外墙外保温技术应用过程中存在安全隐患,这对建筑节能技术的多元化发展提出了迫切要求,而与建筑物同寿命的保温与结构一体化技术出现了新的市场需求和发展机遇。

现浇混凝土内置保温墙体中的网架板通过连接件与结构钢筋牢固连接并浇筑在一起,实现了墙体保温与结构部分同步施工,与外贴外保温技术相比,减少了施工工序,达到了建筑保温与墙体同寿命的目的。现浇混凝土内置保温墙体采用建筑保温与结构一体化技术,具有保温防火性能好、质量安全可靠、设计施工简便、与建筑物同寿命的特点,推广应用具有较好的经济、社会效益。

2.0.2 焊接钢丝网架保温板是在工厂内定制生产的部品,包含保温板、钢丝焊接网(双层钢丝网架)、顶丝、斜插丝。插丝与保温层外侧的钢丝焊接网通过焊接形成空间桁架,在增加墙体整体稳定性的同时,还可有效保证插丝在运输、浇筑过程中的可靠度。

2.0.6 为了确保混凝土浇筑时保温层不产生偏移,在保温层外侧设计钢丝网架作为支撑系统,这样有效地控制了防护层、结构层厚度及保温层与结构平行顺直。

3 材 料

3.0.1 钢丝进行防腐处理可采用镀锌、外刷防腐漆或进行镀塑处理,也可采用其他有效防腐措施。

3.0.2 现浇混凝土内置保温墙体的保温板应采用挤塑聚苯板(XPS)和模塑聚苯板(EPS),聚苯板防火等级应不低于 B_2 级,其性能指标除应符合表 3.0.2 的规定外,还应符合《绝热用模塑聚苯乙烯泡沫塑料》GB/T10801.1 及《绝热用挤塑聚苯乙烯泡沫塑料》GB/T10801.2 中的其他规定。采用其他保温材料时,应符合相关的标准要求,并根据保温层强度通过实验调整靠近保温层网片网格的大小,确保保温层不产生变形。

3.0.4 现浇混凝土内置保温墙体中防护层混凝土截面较薄,通常只有 50~60mm,且内部有钢筋网架,难以实现插入式振捣。因此,为了防止机械振捣对插丝等构件产生破坏,粗骨料最大粒径不应大于混凝土截面厚度的 1/4,也可选择无需外力振捣就能够在自重作用下流动并充满模板空间的自密实混凝土。

4 设 计

4.1 节能设计

4.1.1 现浇混凝土内置保温墙体的保温、隔热和防潮性能等应符合《民用建筑热工设计规范》GB50176 及相关节能设计标准的规定。围护结构中外门窗洞口四周侧面及一些挑出构件易形成热桥,热损失较大,应采取保温措施减少围护结构热桥部位的传热损失。冬季采暖期间内外表面温差小,内表面温度易低于室内空气露点温度,造成围护结构热桥部位内表面产生结露,内表面结露会造成围护结构内表面材料受潮,影响室内环境。

4.1.2 门窗除本身应满足热工的基本要求外,还应满足构造要求,以防止门窗和墙之间的热损失。

4.1.4 现浇混凝土内置保温墙体在进行热工计算时,应考虑插丝及保温板压缩等因素的影响,现浇混凝土内置保温墙体导热系数 λ 应进行修正,修正系数的取值是通过定性实验数据综合确定的。

4.1.5 密封和防水构造设计包括变形缝的设置、变形缝的构造设计以及系统的起端和终端的包边等。系统构造做法是针对竖直墙面和不受雨淋的水平或倾斜表面的。对于水平或倾斜的出挑部位,表面应增设防水层。水平或倾斜的出挑部位包括窗台、女儿墙、阳台、雨篷等,这些部位有可能出现积水、积雪的情况。

4.2 结构设计

4.2.2 风荷载是作用在现浇混凝土内置保温墙体外表的主要荷载,能使面板产生很大的弯曲应力。

4.2.3 在常遇地震作用下,现浇混凝土内置保温墙体不能破坏。按《建筑抗震设计规范》GB50011 的相关要求,非结构构件自身重力产生的地震作用可采用等效侧力法计算。

现浇混凝土内置保温墙体的承载力取决于钢丝网架和连接件的承载能力,应能承受永久荷载、地震作用、风荷载等的共同作用。

4.2.6 现浇混凝土内置保温墙体作为填充墙使用时,类似于夹芯复合现浇墙体,其竖向受力由两侧混凝土承担。

4.3 构造要求

4.3.3 防腐处理同3.0.1条。

5 施工要求

5.1 一般规定

5.1.3 现浇混凝土内置保温墙体是一种新型建筑节能体系,应在施工前对相关人员进行技术交底和必要的实际操作培训,技术交底和培训均应留有记录。

5.1.4 该条对焊接钢丝网架保温板的贮存提出基本要求。

5.1.5 材料进场时应资料齐全,并按规定见证取样复验。

5.2 焊接钢丝网架保温板及安装工程

焊接钢丝网架保温板为工厂加工制作,工艺成熟。安装时,应根据图纸编号按施工段划分安装顺序,对应施工图轴线位置安装。由于钢丝网架保温板本身重量较轻,可采用人工搬运就位方式安装,也可根据塔吊工作性能采用成批吊装至楼层后再人工就位安装。网架板就位时,应对准焊接钢丝网架保温板边线,尽量一次就位,以减少撬动。焊接钢丝网架保温板就位后,采用临时护架,保证其稳定性。

焊接钢丝网架保温板外侧的混凝土截面较薄,为了防止产生裂缝,应在模板拆除后立即涂刷养护剂或 12h 以内覆盖浇水进行养护,且养护时间不得少于 7d。

5.4 混凝土工程

5.4.1 对自密实混凝土配合比设计提出要求。

5.4.2 混凝土浇筑是重要的施工环节,对浇筑顺序和方法进行了详细规定。

6 质量检验与验收

6.1 一般规定

6.1.2 由于现浇混凝土结构自保温体系与主体结构同时施工,对此无法分别验收,应与主体结构一同验收。

6.1.3 本条规定的检验批的划分与《建筑节能工程施工质量验收规范》GB50411、《建筑装饰装修工程质量验收规范》GB50210 保持一致。

应注意检验批的划分并非是唯一或绝对的。当遇到较为特殊的情况时,检验批的划分也可按照方便施工与验收的原则进行。

6.1.4 本条列出现浇混凝土结构自保温体系应进行隐蔽工程验收。

6.2 焊接钢丝网架保温板子项工程

6.2.1 现浇混凝土内置保温墙体所采用的材料品种、规格等应符合设计要求,不应随意改变和替代。在材料进场时,通过目视和尺量方法检查,并对其质量证明文件进行核查确认。检查时,按进场批次随机抽取试样进行检查。当能够证实多次进场的同种材料属于同一生产批次时,可按该材料的出场检验批次和抽样数量进行检查。如果发现问题,应扩大抽查数量,最终确定该批次材料是否符合设计要求。

6.3 焊接钢丝网架保温板安装子项工程

6.3.2 本条要求施工单位安装焊接钢丝网架保温板时应做到位

置正确、接缝严密,在浇筑混凝土过程中应采取措施并设专人旁站,以保证保温板不移位、不变形、不损坏。

6.3.8 本条所指出的部位在施工中容易被忽视,而且在各工序交叉施工中容易被多次损坏,因此要重视这些部位,按设计要求或施工方案采取隔断热桥和保温密封措施。